Puzzle #1
EASY

2			8		9		3	
8				2		7	5	
				4	7		2	8
6	5		7		4		1	2
	9		6			4		5
			2		5	3	6	
	1							
9		4	3		8			
	6	7		5			9	1

Puzzle #2

EASY

	8					6		7
	6			2	3			
7		3	1		6	2	9	
		5	4				6	
	3		2				4	5
2	7			5		3	8	
8						5		
5		1		6	7		2	8
3	2		8				1	

Puzzle #3
EASY

1	2	4			3			6
	7			1		2		3
	3	6	8				4	7
	4				8			9
			1	4	7	6		8
6		1		9				
8	5	9		6		7	3	
	1		3					2
2				7			8	

Puzzle #4
EASY

7	4				6		5	8
5	3	6	1				9	7
		8						
		7	4		1		3	
6						5		
	1	5				7	4	
9				7	8			4
				4		3	1	
	6	3			2		7	

Puzzle #5
EASY

4	8	9					7	6
	1		6		2			
6			4	9		8	1	5
9	4	6		2				
	2				1		4	
1		8	3	6			9	
8			5	7		4		
2						3		
3							8	

Puzzle #6
EASY

							9	
8					9	6	1	
		6	8	4	3		2	
4			1		8		9	7
		1	2		7	4	8	6
					4		5	
	4			5			7	2
	2			1		5		
		7		9	2			3

Puzzle #7
EASY

	1	5	6					
	4		3	5	2		1	
6	8		1		9	5	2	
		2	8			6		
				1	7	3		2
3			5		6		8	4
	5		8		6	3	2	
	9		6		8		4	3

Puzzle #8

EASY

							2	
5		2		3	8	9		
1			5	2	9	3		6
		5	1			8	4	2
		1	3	4	5	7	6	
	6	7					5	3
			9		3			
9	4	8			6			1
2	5		4		1			

Puzzle #9

EASY

5				9			4	
		9	4		2	5		6
	4			8	6	3		
		2	1				3	9
		5		2			8	
7		6		4				
6		4	8					1
				1		2		8
		8	2	6	5	4		3

Puzzle #10

EASY

	6		8	3	7	4		
		8	4	2	5		1	6
				6			8	5
		3						9
	4		6					8
6		9	2			5		
	1			9	6		4	
4	9			8				6
	3	6	5	7		9		

Puzzle #11
EASY

1	4				9		3	
		2		6	7		5	
	6	7	8			1	2	
		9						1
7					1	3	6	
	1			4				
				9		7		2
9			6	1				
8	2	1	3	7	5	9		

Puzzle #12

EASY

3				8	5	7		6
				7		1	4	
5	1			6	4			
		1	8	5	2	6	9	4
	5	8		9	6			7
9		4					8	
1				4	9			
	8	2					6	
			3	2				1

Puzzle #13
EASY

	1	5			9			
8	7				4	1		9
2	4		1		3	6		
6	8		4		5	7		
	9		3		6			2
		3		7				
		8	9				6	
9					1	4		
4		1	6	5		2		7

Puzzle #14
EASY

				9		7		
5		6	4	8		1	3	
8	7			1		4		9
		8			9	5	7	
	4		7		8		2	1
1			6	5	4		9	
							4	3
	1	3		4	2			
		4	3	7				6

Puzzle #15
EASY

			3		4	2	9	
1				5			6	
9				2				8
				9	7			1
2	8	1	4					
7	9		2				5	4
3	5		6			7	1	
4					2	5		6
						4	8	9

Puzzle #16

EASY

	9			7				
	3	6	2	4	1	9	5	7
4	5					2	1	6
	8				5	6		
5						4	8	3
2			4			1	9	
6				3				8
3	1			2			6	
7	2		6		8			

Puzzle #17

EASY

4	7		2		8	5	3	
5	3			9		2		
				6		4		7
		1	6					9
	5			8	7	6	4	2
6			3	2				
1						7		4
				7	2	8	1	5
	8		4	5				

Puzzle #18

EASY

2		7		1	4	8	5	3
	4		3	2				1
		1				2	4	9
	2					9		
6	7				9		1	8
	1	9			8			
	5		7			3		
		2			6			
3	9	4	5	8	1			6

Puzzle #19
EASY

2		5					6	
3		4	9			2	7	
6			7				8	
						4	9	7
9			4	7			1	3
	6	7		1	9		5	
7		9			4	1		
8					3			5
1	3	2		6				8

Puzzle #20

EASY

			2		1	8	3	
			7		5		1	9
	8	9	3	6		2	5	
4	5				2	7	9	1
			1	5		4	2	
				4				3
	5				8		7	6
							4	2
	3	7	9		6	1	8	

Puzzle #21

EASY

8	1		5	4		2		6
	2	9	7				4	
3		6				8	5	7
6	7			5	8			
		3		6				8
2			9					
4		8					1	
	6			3	4	9	8	
9			8		1			3

Puzzle #22
EASY

	2	1		3	6	8		
6	3				4		7	
		7			8	6		9
		6	3	9	5		8	4
				6			1	
2	8				1	3	9	
4			1	2				8
1					9			3
	6		5	4		9		

Puzzle #23

EASY

	2		5	6	4		9	8
9	8			3		5		
		5	1	9	8			3
1	7					2	3	9
		9	8					7
	3		7	2	9	1		4
						3	4	
	5		4		6			
		2						6

Puzzle #24

EASY

7	5	2			4	6	1	
8		6	1	5				
			2			5		
1					8	9		4
	2				1			3
	8				3		5	6
5		8					6	7
	6		3	9		2		
	3		6		7	4		

Puzzle #25

EASY

4				5		8	9	
7			4	2		6		3
	5		9		8			
					4		7	6
9			6				2	
	4	5		3	7			9
	6	4	7		2	9		
	2		5					8
	3			6		4	1	

Puzzle #26

EASY

1		9	2		5			
	5			9	4	6		2
	4				7	9		
	6			8			4	5
7					1	3		
	2			7	6			
5		7		3			9	
6		2	4	8	9			7
	1			5				3

Puzzle #27

EASY

	7		2					8
2			5	1		6		
				4	8			2
8		7					4	6
1			4		6	3	5	
6						2		
5	2		3	7				9
			6	5	9		2	3
		6	8			4		5

Puzzle #28
EASY

			3	9		5	2	
	5					1		7
		2		7	6	4		
	2				4			
4	9	6			3	8		
		3	7		9			
			9	4		7		3
	7		1		8	6		2
	1		6		7		4	8

Puzzle #29
EASY

		6	7					9
5				1	3		6	
9	3	4	6	5		7		2
	4				1	2		6
6		3		8				
			2	7				
		1	8	2	4		7	
2	8					4		
	6		1	9	5			8

Puzzle #30

EASY

	1	3		7	8			
		5		2	3		1	
2	4		1				9	3
	5		7	8		9	6	
4		1		5		3	7	8
	6	8	3		4	1	5	
					7			
			6	3				
8		6		4		7	2	

Puzzle #31
EASY

	9	5	8			7		
		4	9					3
1		3		7	6			
	1		7					
3	5		6		4	9	7	2
7	2		3	8	5			4
	4							
8	3						9	
	6		4		9	8	1	

Puzzle #32

EASY

		7				9	2	
1	5	2	8					3
	9		5		6			
7				5				2
6	4			1	8	5		
2	1		7		9	8		
	8	4		6	1			
	7		9			6		4
	2		4	7	5	3	8	

Puzzle #33

EASY

3	4	1	8	9				
					1		9	
		6					5	8
	8	9			7	4	2	
7	1			2			8	3
2				8		9		1
		7	1			2		
5					6	8	1	
1	9		7	3			4	

Puzzle #34
EASY

7		1		2				
	5	4						
	8	2			6			4
			5	1	2			9
5					3	4		
1		3	8			7	6	
		7	2		1	5	9	6
	6	5	4	9	7		3	1
2		9	6		5			7

Puzzle #35
EASY

5			4			8		
	9	1						
		4	8	2	9		6	5
9			2				5	
1	6					3		9
	7		1	9			4	
				8	7		3	6
			6	1			2	
6	8		9	4		5	1	7

Puzzle #36
EASY

2	9		7	6		8		
8				1			9	4
3	4		5	9			2	
1	5		3					
9			8			4	5	
6				5	2			1
		8			7			
7	3		6		5	1	4	2
	1					7		

Puzzle #37

EASY

5					2			3
8			5		3	7	1	
4	9					2		
6			9	1	7			
2				5		1	7	
1	7	9		3	4	8		
	2		1	4		9		
9	8						2	7
3						5	8	

Puzzle #38

EASY

		8			6	3	7	
		3		9	1			
2	9		3		5	4	6	
6					2		9	4
	7	4	9					
	2	5	6			8	1	3
5			2			1		
7						9		
	1		5	6			4	8

Puzzle #39

EASY

6		7	4	3			8	
3	4	1			6	7		5
		5	7				4	6
2	6							3
	7				2	8	6	
			3				4	5
		6		1	9	3		
		8	2					
7	1		9	5			2	

Puzzle #40

EASY

	8						2	
1					4			3
4		3	5	2	6		8	
		2	6				9	
8	1		7			5		2
	6	4				8		
			9	6	8		2	
6	4	8		3	2	9		5
		1		7		6		

Puzzle #41
EASY

2	3	7	8		5			
		6		7			5	2
9				3				
6		8			1		4	7
		3	9	2	6		8	
	1							
3	6	9			2			
		5		9		4		
7	2	4				9	1	6

Puzzle #42
EASY

4	7	5	8	9		3		6
		8			1			
		1	7	4	6			9
					3	2		8
1	6				8			
	5				9	4		
5				3			9	
	8		6	2	4		5	7
7	1	4					2	

Puzzle #43

EASY

			6	2	8			9
	1	5	7					
9		6	5	4	1	3		
6		8			3		2	1
2	5					4	9	7
7			2					3
			1				8	
			9		7	2	3	
		2				9		6

Puzzle #44

EASY

		2		3				
		7	2				9	6
4			5					3
	7		3		6		5	
		6			7		3	4
		4	8				7	1
7	9			6	3		1	2
			9		2	7		8
2		5		8				6

Puzzle #45
EASY

		9	1			5	7	
		7		6				
8						1	3	6
5	9				3	6		4
	8	1	4	2				5
6	7	4		9			2	
	5	3			7			1
2			3		4			
		6			2	8	5	

Puzzle #46

EASY

2		4	7		8			3
8			4	6	3			
				1				
		3			4			9
5			2			4		6
	6	7		3		1		
	4						9	
	5			9			7	4
	7		3	4	5	2	6	1

Puzzle #47
EASY

		2	9			7		6
7	4		2			5		9
	9	5			7	4		
					4			3
	6	9			3		8	7
2		8		9	1	6	4	
	5							
9	2						7	1
1		6		7	9	3	5	2

Puzzle #48
EASY

		8		4	7			1
			6		2	8	9	
2		1	3	9		4	7	
3							6	
			9					3
7	4							9
					9	3		
9		4		8	1			2
	1	6		5	3	9	4	

Puzzle #49

EASY

	1	4		7			8	9
				5	3	6		
8		6	1	9				
					7			4
	5	3	6		2	1	9	
			3	8		2		7
3		9				8		
6	8		7	3	9	4		5
		5		6			2	

Puzzle #50
EASY

			3		4	8	9	6
		3		2				
			7		6			5
	7		9				8	2
3		9		8		4	7	1
4	8	5			1			
		4				6		
9	6			5	2			4
5	3	7	4			2		8

Puzzle #51
EASY

			6		9	3		1
	9		1				4	
6	5					9		8
	1			9			8	2
						1	7	4
	2	5	4					
5	3	9		4				7
2	8		5	3				9
		4	9	6	2	8	3	5

Puzzle #52
EASY

					6		8	
			5		7	2		4
	1		8				6	
4	5			2	9			
9	7	1	4					
3			7	8				9
8			1		4	6		2
	3	5		6	8			7
	6		9			1	3	8

Puzzle #53

EASY

5		3			6	8		
2	4			9		3		6
	8							5
	6	2		1	5	4	3	
1				3	9	6	2	
		4		8	2		5	
	5	9	8	4	1		6	3
		8					1	
					7			4

Puzzle #54
EASY

1			3				7	9
			8	1	4	3		5
	5			7				2
8			9		3	1		
		1			8			
2			1	4		6		
		9			7	2	3	
	2	8			1			6
	1	4				7	5	8

Puzzle #55

EASY

2	1		5	6	3	9		
	5		9				6	3
	6				8		1	
3	9			5	7	6		
		5		9		1		2
1	7	6		2			5	
6	3					7		
		9			1	4		
	8	4		3				

Puzzle #56
EASY

7		8		6	1	2	3	4
	1	4						5
		9	8				7	
	9	2	7				5	
4	8							1
	7	6			8			3
			3		9			
2	3		1	8	7			
9	4				5			7

Puzzle #57

EASY

5				7				
			9	4		1	5	
	4						8	7
		8	2	3	6	5		
		5	4					6
1	6						7	
9	8		5	6	3		4	
6		3			4			
4	2	1	7					5

Puzzle #58
EASY

6	9		2	1				
5				9	8	7	4	
			3		5	2		6
		9		5	1	3		4
					3	6	2	
	4							
9	2	5	4	3				8
	7		1		9		5	3
3					7			

Puzzle #59

EASY

	2		4	6		5	7	3
4	9	6			3		2	
					2	9		
	1	5				4		
				4	5			
		4	7	2			8	5
		2				6		
		1		3			5	
3	7	9	6		8	1		

Puzzle #60
EASY

	2	5		1	9	4		
8	7			2		5	9	
1	9			4				
	6							
7	3					9	2	5
4			9		8		6	
9	4	3					5	
6		1		9	5	7	3	
			3		6			

Puzzle #61

EASY

1	4		8	7		6		
	8	2		3		1		
9			2			4		
6			9	8			7	
					7	8	9	6
				6			2	1
5	1				6	2		3
	7			4	5			8
4				2			6	

Puzzle #62

EASY

		4		9	2			
	3			6			2	
2			5					7
4	1	9			8		7	5
	5			3				4
	6	2			4			9
	7		2	1			3	
			8		6			
		5	3	4	9	7	8	1

Puzzle #63
EASY

	5		8	1	6	2		7
		1			9	5	4	6
3	7							8
	4		9	6	2			
6				5	1	7		
5		2	3					
		5		9				4
	9	3	2				7	
4			6		5	1		3

Puzzle #64

EASY

8	2		4	1	5	3		
3	4		9	7	8	6		5
7			2	6	3	8		1
	9		6		7	4		3
6	8							
1	3	7		2	4		8	
5		8						
		3						4
	6		1				5	

Puzzle #65
EASY

3		2	6	8			4	
1	5				3			
6						8	3	
	8	3	1	5	4	6		9
7				3			1	2
	9	1	2			5		
	1	4			2			
			8				5	4
			7		5	9		

Puzzle #66
EASY

9	4			7				
	2	5		3	4	8	7	
			5		2		1	9
2					7	9		
				2	1	3		
	5	6	4	9				1
7			2	6			5	
			8					
8		9	7	1		2		3

Puzzle #67
EASY

	6				7	4		
3	4	9	8	6	1		2	7
				5		9	6	
			3				4	1
7					5			6
	2	1	7	8			9	5
				7		6	5	
	9	6			3	1		
5	7			1		8		

Puzzle #68

EASY

	1	2	7		4	5		
6		7					1	
5	8			2	3			7
9	7	4	2			1	8	3
2	5				1		6	4
			4					
	9				7	4		
		1			2	8		
		6			5	9	3	

Puzzle #69

EASY

			5		3	8		2
			2	1	4	3		
6			7	8	9		5	
9	8	6		2	7			4
	1					6		
		7		4		2	1	
		5		9		7	2	
					8		4	
3	9	4		7	2			

Puzzle #70

EASY

8	9		1	6	7		4	2
1		5	3		4			
6	4				8			1
			8	7		6	3	
		8	2		6	7		
7	6		5	9				
5	8		7					
4				3		9		
	2			8	9		5	

Puzzle #71

EASY

8	9	3	5	1				
		6		9		7	5	
1		7		4	2	3		
		2		8			1	5
			2		9			
			1	5		4		3
7	3	1				2		4
2		9						6
6	4		8				7	

Puzzle #72
EASY

8		5		4		2		
				5	3	1		
		3	7			9		
	3	1	5		2		9	
	8				9		4	
	9	2	3	6				
	5		8	1		6		
9		8				5	1	7
6	1	7					3	8

Puzzle #73

EASY

2								
	3	9					8	
				9	2		1	6
	6						5	9
5			9	7	6		2	1
	2	7		4	5			3
	1	8		5	4		9	
7			2		3	6		8
6			7		9	1		

Puzzle #74
EASY

	3	4	8			7		
8				5	6	9		
		9		3			4	8
5	2	1	7	6				
	4				5			6
7			9		8	1	2	5
	8			7	4	2		
4			6		9		1	3
		6	5		1			

Puzzle #75
EASY

		9	1					
1			8	3			4	6
	6		4					8
6	5	7			2			1
9	3		7	4			5	2
		1				7		
7	9	3		6			1	
		4				8		9
2	8			1		5	3	

Puzzle #76
EASY

	2				3	1		
5					8		9	
	9	7		6			5	3
				8	9		3	1
4				3	5	6		
1						5		8
	8				2		6	
9	4		8	1		3		2
7	6		3	9				5

Puzzle #77
EASY

9			4	7	1	3		
3							6	1
		1				8	7	
	3		6	2		5		9
	7				8		1	
	9						8	
7				4		1		
	5	4		1		7		6
8	1		7	6	5	4	9	2

Puzzle #78
EASY

2		3	6			8		
	9			3			6	
	8			2	4	9		
6	1	9			3			8
			9		7	1		6
4		8					5	
	3			5		6		2
		7			2			
	5	2	3			4	9	1

Puzzle #79
EASY

		6					7	9
4	7		8		2		1	
			5	7	6	2		8
8		2		4	5	1		7
3				6				2
			1	2			6	4
					7	4		1
				5				
	1	7	4			3		

Puzzle #80
EASY

	1	2	5	3		7	4	6
							5	8
	3	4		6	8	2		
		5	3	8	7			2
		3	6	9		1		4
6					1	5		
	6				2			9
2		8	9	7			1	
		7			3			5

Puzzle #81
EASY

7					5	3		4
5	3			8				
2		8		3	6	1	5	
8		2	5				6	
	1		7	2	9			8
	7	3		6				5
		6	3			8		
3					2		7	
1		7	9		8			

Puzzle #82

EASY

3	9	7		2			4	
	2				6			
	5	4	1	3	9	7		8
2		6			4			
							6	2
4	7	8				1		3
1			9		3	5		6
		3	4				1	
5	6				7		3	

Puzzle #83
EASY

		8		5		2	4	
4	7	9			3	8	5	
	1		8	4	6			
				2	5	6		
8	5	7	6				2	
		6				7	1	
7				8	2	9		3
5		2		7	9			4
						5		

Puzzle #84

EASY

5					1		6	4
4	6			2	3	1		
	9		4	8	6			
		4			5			
2	5			1			8	3
				3	4	2		9
1	7			4			2	
	8	3	7	5	2	9		1
		2				7	3	

Puzzle #85

EASY

3	5						9	
9	2			1			8	4
	4	6	9	2	3	1		
	8							
				8	9		5	
		5	3	4		8		9
5			1					3
4			8			6		7
1			7	9		5	2	

Puzzle #86

EASY

2		7					1	
	5	1	7		4	3		9
9				6				
5			2		1			7
1		4			6		3	
7			9	4		2	5	
		9		8	2			5
							9	2
8	1	2		5		6		3

Puzzle #87

EASY

					4	2		3
8				7				9
2	5	7	1				4	6
		1	8			5	6	
9		5	4			3		8
	8				6	4		1
	2	8		6		9	1	
1				4				
			9	3		6		

Puzzle #88
EASY

	4		8				6	7
	6	9	2		3			
		1	4					3
	9		7	3	8	5	2	
	5							9
3	8				4			
2			6	4	9	3	1	8
	1	4	3		2			
						6		2

Puzzle #89
EASY

	1	7				3		
				9	6		5	
2								7
		4		8			7	9
6	3	9	2	5		1		4
	8	1	9				3	
1		6	3	4				
8	9	3				4		
		2	5			9	6	3

Puzzle #90

EASY

4			6	3	1			9
	6		7					
	7		8	5		3	1	6
9		6		2				3
5					6	1	9	2
1	8	2		7	3		5	4
	2		5					
8				6	7			
					8	4	3	

Puzzle #91

EASY

		6		1		9		
4	5		3	8				
				4			8	5
	8	9				6	7	
	9			6	5		3	
		7	4	3		1		9
	6			9		4		
	4	3			2		9	
2		9			4		6	3

Puzzle #92

EASY

6			4	3		7		1
5				9			2	3
	7		1	6	5		4	
	6			4			9	7
4		2	3					
7		1	9	5	6	2		4
3				8	9			6
	5	6		2		8		
						5		

Puzzle #93

EASY

2		3	6				8	5
	4		5	2				7
8					7		1	2
	9							3
	2		8			1		9
3	1	5		7	2			8
		7	3			5		
		9		1			3	
4		2	7	6	5		9	

Puzzle #94
EASY

8			5		4	9	6	
5	7			9	6			4
			7	1			3	5
			8		2	6	4	
		8	1		9	7		3
	9	3	4		5	1		
							8	6
7		5					9	
		9		4	1		7	

Puzzle #95

EASY

2	7	1	4	9	3			
4	6				5		9	
	9	5	6	8			7	4
			1	3		4	2	
	4	7		6		3		
	3	2			8	5		
9				5	4			1
			8					
	8	4	3		6			

Puzzle #96

EASY

3		5			8		6	9
		2		5				4
6		4	7	1	3		2	
	4	1	8		7			
8	3		9					1
	6			4		3	8	7
	2		3			6	9	
		6			2			
		3	1	8				2

Puzzle #97
EASY

		2	8	7	4	1		
	6			5		7	8	
7				9	1	3		5
			1			8		
1		7				9		
	2	5						
2	7					6	4	
			9		7		3	
8	5	9		3		2	7	

Puzzle #98

EASY

		3		5	2			
					9		8	
9	7	6			4			
3	4			6				
			8	2			9	4
1		8	4		3		6	7
7				3	5	6	2	1
6						7	3	5
	3	5	7			9		8

Puzzle #99

EASY

1			3	4		2		7
		5		6				1
					1		5	6
		4	6					9
9		8	2			7		3
6				9	3	8		
	2					1	9	
5		9	1	3	2	4		8
	7		5	8				

Puzzle #100
EASY

	1		3		2			8
	3	9			6			5
	2		4	1			7	
	4		9		5			
9	6	2			8		5	
1		8				3	6	
2	7		5	8			4	1
3	9	1			7			6

Puzzle # 1

2	7	5	8	6	9	1	3	4
8	4	6	1	2	3	7	5	9
1	3	9	5	4	7	6	2	8
6	5	3	7	8	4	9	1	2
7	9	2	6	3	1	4	8	5
4	8	1	2	9	5	3	6	7
5	1	8	9	7	6	2	4	3
9	2	4	3	1	8	5	7	6
3	6	7	4	5	2	8	9	1

Puzzle # 2

1	8	2	5	9	4	6	3	7
4	6	9	7	2	3	8	5	1
7	5	3	1	8	6	2	9	4
9	1	5	4	3	8	7	6	2
6	3	8	2	7	9	1	4	5
2	7	4	6	5	1	3	8	9
8	4	6	9	1	2	5	7	3
5	9	1	3	6	7	4	2	8
3	2	7	8	4	5	9	1	6

Puzzle # 3

1	2	4	7	5	3	8	9	6
9	7	8	4	1	6	2	5	3
5	3	6	8	2	9	1	4	7
7	4	2	6	3	8	5	1	9
3	9	5	1	4	7	6	2	8
6	8	1	5	9	2	3	7	4
8	5	9	2	6	4	7	3	1
4	1	7	3	8	5	9	6	2
2	6	3	9	7	1	4	8	5

Puzzle # 4

7	4	9	2	3	6	1	5	8
5	3	6	1	8	4	2	9	7
1	2	8	5	9	7	4	6	3
2	8	7	4	5	1	9	3	6
6	9	4	7	2	3	5	8	1
3	1	5	8	6	9	7	4	2
9	5	1	3	7	8	6	2	4
8	7	2	6	4	5	3	1	9
4	6	3	9	1	2	8	7	5

Puzzle # 5

4	8	9	1	3	5	2	7	6
5	1	7	6	8	2	9	3	4
6	3	2	4	9	7	8	1	5
9	4	6	7	2	8	1	5	3
7	2	3	9	5	1	6	4	8
1	5	8	3	6	4	7	9	2
8	6	1	5	7	3	4	2	9
2	7	5	8	4	9	3	6	1
3	9	4	2	1	6	5	8	7

Puzzle # 6

2	5	4	6	7	1	9	3	8
8	7	3	5	2	9	6	1	4
1	9	6	8	4	3	7	2	5
4	6	5	1	3	8	2	9	7
9	3	1	2	5	7	4	8	6
7	8	2	9	6	4	3	5	1
6	4	9	3	8	5	1	7	2
3	2	8	7	1	6	5	4	9
5	1	7	4	9	2	8	6	3

Puzzle # 7

2	1	5	6	7	8	9	4	3
7	4	9	3	5	2	8	1	6
6	8	3	1	4	9	5	2	7
1	5	2	8	3	4	6	7	9
8	6	4	9	1	7	3	5	2
3	9	7	5	2	6	1	8	4
4	3	1	2	9	5	7	6	8
5	7	8	4	6	3	2	9	1
9	2	6	7	8	1	4	3	5

Puzzle # 8

6	3	9	7	1	4	2	8	5
5	7	2	6	3	8	9	1	4
1	8	4	5	2	9	3	7	6
3	9	5	1	6	7	8	4	2
8	2	1	3	4	5	7	6	9
4	6	7	8	9	2	1	5	3
7	1	6	9	5	3	4	2	8
9	4	8	2	7	6	5	3	1
2	5	3	4	8	1	6	9	7

Puzzle # 9

5	6	3	7	9	1	8	4	2
8	7	9	4	3	2	5	1	6
2	4	1	5	8	6	3	9	7
4	8	2	1	5	7	6	3	9
1	3	5	6	2	9	7	8	4
7	9	6	3	4	8	1	2	5
6	2	4	8	7	3	9	5	1
3	5	7	9	1	4	2	6	8
9	1	8	2	6	5	4	7	3

Puzzle # 10

5	6	1	8	3	7	4	9	2
9	7	8	4	2	5	1	6	3
3	2	4	9	6	1	8	5	7
1	5	3	7	4	8	6	2	9
7	4	2	6	5	9	3	1	8
6	8	9	2	1	3	5	7	4
8	1	7	3	9	6	2	4	5
4	9	5	1	8	2	7	3	6
2	3	6	5	7	4	9	8	1

Puzzle # 11

1	4	8	2	5	9	6	3	7
3	9	2	1	6	7	4	5	8
5	6	7	8	3	4	1	2	9
4	3	9	5	8	6	2	7	1
7	8	5	9	2	1	3	6	4
2	1	6	7	4	3	8	9	5
6	5	3	4	9	8	7	1	2
9	7	4	6	1	2	5	8	3
8	2	1	3	7	5	9	4	6

Puzzle # 12

3	4	9	1	8	5	7	2	6
8	2	6	9	7	3	1	4	5
5	1	7	2	6	4	8	3	9
7	3	1	8	5	2	6	9	4
2	5	8	4	9	6	3	1	7
9	6	4	7	3	1	5	8	2
1	7	3	6	4	9	2	5	8
4	8	2	5	1	7	9	6	3
6	9	5	3	2	8	4	7	1

Puzzle # 13

3	1	5	7	6	9	8	2	4
8	7	6	5	2	4	1	3	9
2	4	9	1	8	3	6	7	5
6	8	2	4	9	5	7	1	3
7	9	4	3	1	6	5	8	2
1	5	3	8	7	2	9	4	6
5	2	8	9	4	7	3	6	1
9	6	7	2	3	1	4	5	8
4	3	1	6	5	8	2	9	7

Puzzle # 14

4	3	1	2	9	6	7	8	5
5	9	6	4	8	7	1	3	2
8	7	2	5	1	3	4	6	9
3	6	8	1	2	9	5	7	4
9	4	5	7	3	8	6	2	1
1	2	7	6	5	4	3	9	8
7	5	9	8	6	1	2	4	3
6	1	3	9	4	2	8	5	7
2	8	4	3	7	5	9	1	6

Puzzle # 15

8	6	7	3	1	4	2	9	5
1	2	4	9	5	8	3	6	7
9	3	5	7	2	6	1	4	8
5	4	3	8	9	7	6	2	1
2	8	1	4	6	5	9	7	3
7	9	6	2	3	1	8	5	4
3	5	8	6	4	9	7	1	2
4	7	9	1	8	2	5	3	6
6	1	2	5	7	3	4	8	9

Puzzle # 16

1	9	2	5	7	6	8	3	4
8	3	6	2	4	1	9	5	7
4	5	7	8	9	3	2	1	6
9	8	4	3	1	5	6	7	2
5	7	1	9	6	2	4	8	3
2	6	3	4	8	7	1	9	5
6	4	5	1	3	9	7	2	8
3	1	8	7	2	4	5	6	9
7	2	9	6	5	8	3	4	1

Puzzle # 17

4	7	9	2	1	8	5	3	6
5	3	6	7	9	4	2	8	1
2	1	8	5	6	3	4	9	7
8	2	1	6	4	5	3	7	9
9	5	3	1	8	7	6	4	2
6	4	7	3	2	9	1	5	8
1	9	5	8	3	6	7	2	4
3	6	4	9	7	2	8	1	5
7	8	2	4	5	1	9	6	3

Puzzle # 18

2	6	7	9	1	4	8	5	3
9	4	8	3	2	5	6	7	1
5	3	1	8	6	7	2	4	9
8	2	5	1	4	3	9	6	7
6	7	3	2	5	9	4	1	8
4	1	9	6	7	8	5	3	2
1	5	6	7	9	2	3	8	4
7	8	2	4	3	6	1	9	5
3	9	4	5	8	1	7	2	6

Puzzle # 19

2	7	5	8	4	1	3	6	9
3	8	4	9	5	6	2	7	1
6	9	1	7	3	2	5	8	4
5	1	3	6	2	8	4	9	7
9	2	8	4	7	5	6	1	3
4	6	7	3	1	9	8	5	2
7	5	9	2	8	4	1	3	6
8	4	6	1	9	3	7	2	5
1	3	2	5	6	7	9	4	8

Puzzle # 20

5	7	6	2	9	1	8	3	4
3	2	4	7	8	5	6	1	9
1	8	9	3	6	4	2	5	7
8	4	5	6	3	2	7	9	1
7	6	3	1	5	9	4	2	8
2	9	1	8	4	7	5	6	3
9	5	2	4	1	8	3	7	6
6	1	8	5	7	3	9	4	2
4	3	7	9	2	6	1	8	5

Puzzle # 21

8	1	7	5	4	3	2	9	6
5	2	9	7	8	6	3	4	1
3	4	6	1	2	9	8	5	7
6	7	4	3	5	8	1	2	9
1	9	3	4	6	2	5	7	8
2	8	5	9	1	7	6	3	4
4	3	8	6	9	5	7	1	2
7	6	1	2	3	4	9	8	5
9	5	2	8	7	1	4	6	3

Puzzle # 22

9	2	1	7	3	6	8	4	5
6	3	8	9	5	4	1	7	2
5	4	7	2	1	8	6	3	9
7	1	6	3	9	5	2	8	4
3	9	4	6	8	2	5	1	7
2	8	5	4	7	1	3	9	6
4	5	9	1	2	3	7	6	8
1	7	2	8	6	9	4	5	3
8	6	3	5	4	7	9	2	1

Puzzle # 23

3	2	1	5	6	4	7	9	8
9	8	4	2	3	7	5	6	1
7	6	5	1	9	8	4	2	3
1	7	8	6	4	5	2	3	9
2	4	9	8	1	3	6	5	7
5	3	6	7	2	9	1	8	4
6	1	7	9	8	2	3	4	5
8	5	3	4	7	6	9	1	2
4	9	2	3	5	1	8	7	6

Puzzle # 24

7	5	2	8	3	4	6	1	9
8	4	6	1	5	9	7	3	2
3	1	9	2	7	6	5	4	8
1	7	3	5	6	8	9	2	4
6	2	5	9	4	1	8	7	3
9	8	4	7	2	3	1	5	6
5	9	8	4	1	2	3	6	7
4	6	7	3	9	5	2	8	1
2	3	1	6	8	7	4	9	5

Puzzle # 25

4	1	2	3	5	6	8	9	7
7	9	8	4	2	1	6	5	3
3	5	6	9	7	8	2	4	1
2	8	3	1	9	4	5	7	6
9	7	1	6	8	5	3	2	4
6	4	5	2	3	7	1	8	9
8	6	4	7	1	2	9	3	5
1	2	9	5	4	3	7	6	8
5	3	7	8	6	9	4	1	2

Puzzle # 26

1	7	9	2	6	5	4	3	8
8	5	3	1	9	4	6	7	2
2	4	6	8	3	7	9	5	1
3	6	1	9	2	8	7	4	5
7	9	8	5	4	1	3	2	6
4	2	5	3	7	6	1	8	9
5	8	7	6	1	3	2	9	4
6	3	2	4	8	9	5	1	7
9	1	4	7	5	2	8	6	3

Puzzle # 27

4	7	1	2	6	3	5	9	8
2	8	9	5	1	7	6	3	4
3	6	5	9	4	8	7	1	2
8	5	7	1	3	2	9	4	6
1	9	2	4	8	6	3	5	7
6	4	3	7	9	5	2	8	1
5	2	8	3	7	4	1	6	9
7	1	4	6	5	9	8	2	3
9	3	6	8	2	1	4	7	5

Puzzle # 28

8	4	7	3	9	1	5	2	6
6	5	9	4	8	2	1	3	7
1	3	2	5	7	6	4	8	9
7	2	1	8	6	4	3	9	5
4	9	6	2	5	3	8	7	1
5	8	3	7	1	9	2	6	4
2	6	8	9	4	5	7	1	3
9	7	4	1	3	8	6	5	2
3	1	5	6	2	7	9	4	8

Puzzle # 29

8	1	6	7	4	2	5	3	9
5	7	2	9	1	3	8	6	4
9	3	4	6	5	8	7	1	2
7	4	9	5	3	1	2	8	6
6	2	3	4	8	9	1	5	7
1	5	8	2	7	6	9	4	3
3	9	1	8	2	4	6	7	5
2	8	5	3	6	7	4	9	1
4	6	7	1	9	5	3	2	8

Puzzle # 30

6	1	3	9	7	8	2	4	5
9	8	5	4	2	3	6	1	7
2	4	7	1	6	5	8	9	3
3	5	2	7	8	1	9	6	4
4	9	1	2	5	6	3	7	8
7	6	8	3	9	4	1	5	2
5	2	9	8	1	7	4	3	6
1	7	4	6	3	2	5	8	9
8	3	6	5	4	9	7	2	1

Puzzle # 31

6	9	5	8	4	3	7	2	1
2	7	4	9	5	1	6	8	3
1	8	3	2	7	6	5	4	9
4	1	6	7	9	2	3	5	8
3	5	8	6	1	4	9	7	2
7	2	9	3	8	5	1	6	4
9	4	7	1	6	8	2	3	5
8	3	1	5	2	7	4	9	6
5	6	2	4	3	9	8	1	7

Puzzle # 32

8	6	7	1	4	3	9	2	5
1	5	2	8	9	7	4	6	3
4	9	3	5	2	6	7	1	8
7	3	8	6	5	4	1	9	2
6	4	9	2	1	8	5	3	7
2	1	5	7	3	9	8	4	6
5	8	4	3	6	1	2	7	9
3	7	1	9	8	2	6	5	4
9	2	6	4	7	5	3	8	1

Puzzle # 33

3	4	1	8	9	5	7	6	2
8	7	5	2	6	1	3	9	4
9	2	6	4	7	3	1	5	8
6	8	9	3	1	7	4	2	5
7	1	4	5	2	9	6	8	3
2	5	3	6	8	4	9	7	1
4	6	7	1	5	8	2	3	9
5	3	2	9	4	6	8	1	7
1	9	8	7	3	2	5	4	6

Puzzle # 34

7	3	1	9	2	4	6	5	8
6	5	4	1	7	8	9	2	3
9	8	2	3	5	6	1	7	4
4	7	6	5	1	2	3	8	9
5	9	8	7	6	3	4	1	2
1	2	3	8	4	9	7	6	5
3	4	7	2	8	1	5	9	6
8	6	5	4	9	7	2	3	1
2	1	9	6	3	5	8	4	7

Puzzle # 35

5	2	6	4	7	1	8	9	3
8	9	1	3	6	5	2	7	4
7	3	4	8	2	9	1	6	5
9	4	8	2	3	6	7	5	1
1	6	2	7	5	4	3	8	9
3	7	5	1	9	8	6	4	2
2	1	9	5	8	7	4	3	6
4	5	7	6	1	3	9	2	8
6	8	3	9	4	2	5	1	7

Puzzle # 36

2	9	5	7	6	4	8	1	3
8	7	6	2	1	3	5	9	4
3	4	1	5	9	8	6	2	7
1	5	7	3	4	6	2	8	9
9	2	3	8	7	1	4	5	6
6	8	4	9	5	2	3	7	1
4	6	8	1	2	7	9	3	5
7	3	9	6	8	5	1	4	2
5	1	2	4	3	9	7	6	8

Puzzle # 37

5	1	7	4	8	2	6	9	3
8	6	2	5	9	3	7	1	4
4	9	3	6	7	1	2	5	8
6	5	8	9	1	7	3	4	2
2	3	4	8	5	6	1	7	9
1	7	9	2	3	4	8	6	5
7	2	5	1	4	8	9	3	6
9	8	1	3	6	5	4	2	7
3	4	6	7	2	9	5	8	1

Puzzle # 38

1	5	8	4	2	6	3	7	9
4	6	3	7	9	1	5	8	2
2	9	7	3	8	5	4	6	1
6	3	1	8	5	2	7	9	4
8	7	4	9	1	3	6	2	5
9	2	5	6	7	4	8	1	3
5	8	6	2	4	9	1	3	7
7	4	2	1	3	8	9	5	6
3	1	9	5	6	7	2	4	8

Puzzle # 39

6	9	7	4	3	5	2	8	1
3	4	1	2	8	6	7	9	5
8	2	5	7	1	9	3	4	6
2	6	4	5	9	8	1	7	3
5	7	3	1	4	2	8	6	9
1	8	9	3	6	7	4	5	2
4	5	2	6	7	1	9	3	8
9	3	6	8	2	4	5	1	7
7	1	8	9	5	3	6	2	4

Puzzle # 40

9	8	5	3	1	7	2	4	6
1	2	6	8	9	4	7	5	3
4	7	3	5	2	6	1	8	9
7	5	2	6	8	1	3	9	4
8	1	9	7	4	3	5	6	2
3	6	4	2	5	9	8	1	7
5	3	7	9	6	8	4	2	1
6	4	8	1	3	2	9	7	5
2	9	1	4	7	5	6	3	8

Puzzle # 41

2	3	7	8	6	5	1	9	4
8	4	6	1	7	9	3	5	2
9	5	1	2	3	4	7	6	8
6	9	8	3	5	1	2	4	7
4	7	3	9	2	6	5	8	1
5	1	2	7	4	8	6	3	9
3	6	9	4	1	2	8	7	5
1	8	5	6	9	7	4	2	3
7	2	4	5	8	3	9	1	6

Puzzle # 42

4	7	5	8	9	2	3	1	6
6	9	8	3	5	1	7	4	2
2	3	1	7	4	6	5	8	9
9	4	7	5	1	3	2	6	8
1	6	2	4	7	8	9	3	5
8	5	3	2	6	9	4	7	1
5	2	6	1	3	7	8	9	4
3	8	9	6	2	4	1	5	7
7	1	4	9	8	5	6	2	3

Puzzle # 43

4	3	7	6	2	8	1	5	9
8	1	5	7	3	9	6	4	2
9	2	6	5	4	1	3	7	8
6	9	8	4	7	3	5	2	1
2	5	3	8	1	6	4	9	7
7	4	1	2	9	5	8	6	3
3	6	9	1	5	2	7	8	4
1	8	4	9	6	7	2	3	5
5	7	2	3	8	4	9	1	6

Puzzle # 44

1	5	2	6	3	9	4	8	7
3	8	7	2	1	4	9	6	5
4	6	9	5	7	8	1	2	3
8	7	1	3	4	6	2	5	9
5	2	6	1	9	7	8	3	4
9	3	4	8	2	5	6	7	1
7	9	8	4	6	3	5	1	2
6	1	3	9	5	2	7	4	8
2	4	5	7	8	1	3	9	6

Puzzle # 45

4	6	9	1	3	8	5	7	2
1	3	7	2	6	5	4	8	9
8	2	5	7	4	9	1	3	6
5	9	2	8	7	3	6	1	4
3	8	1	4	2	6	7	9	5
6	7	4	5	9	1	3	2	8
9	5	3	6	8	7	2	4	1
2	1	8	3	5	4	9	6	7
7	4	6	9	1	2	8	5	3

Puzzle # 46

2	9	4	7	5	8	6	1	3
8	1	5	4	6	3	9	2	7
7	3	6	9	1	2	5	4	8
1	2	3	6	8	4	7	5	9
5	8	9	2	7	1	4	3	6
4	6	7	5	3	9	1	8	2
6	4	1	8	2	7	3	9	5
3	5	2	1	9	6	8	7	4
9	7	8	3	4	5	2	6	1

Puzzle # 47

8	1	2	9	4	5	7	3	6
7	4	3	2	6	8	5	1	9
6	9	5	1	3	7	4	2	8
5	7	1	6	8	4	2	9	3
4	6	9	5	2	3	1	8	7
2	3	8	7	9	1	6	4	5
3	5	7	8	1	2	9	6	4
9	2	4	3	5	6	8	7	1
1	8	6	4	7	9	3	5	2

Puzzle # 48

6	9	8	5	4	7	2	3	1
4	7	3	6	1	2	8	9	5
2	5	1	3	9	8	4	7	6
3	8	9	1	2	5	7	6	4
1	6	2	9	7	4	5	8	3
7	4	5	8	3	6	1	2	9
5	2	7	4	6	9	3	1	8
9	3	4	7	8	1	6	5	2
8	1	6	2	5	3	9	4	7

Puzzle # 49

5	1	4	2	7	6	3	8	9
9	2	7	8	5	3	6	4	1
8	3	6	1	9	4	7	5	2
2	6	8	9	1	7	5	3	4
7	5	3	6	4	2	1	9	8
4	9	1	3	8	5	2	6	7
3	4	9	5	2	1	8	7	6
6	8	2	7	3	9	4	1	5
1	7	5	4	6	8	9	2	3

Puzzle # 50

7	5	2	3	1	4	8	9	6
6	9	3	5	2	8	1	4	7
8	4	1	7	9	6	3	2	5
1	7	6	9	4	3	5	8	2
3	2	9	6	8	5	4	7	1
4	8	5	2	7	1	9	6	3
2	1	4	8	3	7	6	5	9
9	6	8	1	5	2	7	3	4
5	3	7	4	6	9	2	1	8

Puzzle # 51

8	4	7	6	2	9	3	5	1
3	9	2	1	8	5	7	4	6
6	5	1	3	7	4	9	2	8
4	1	3	7	9	6	5	8	2
9	6	8	2	5	3	1	7	4
7	2	5	4	1	8	6	9	3
5	3	9	8	4	1	2	6	7
2	8	6	5	3	7	4	1	9
1	7	4	9	6	2	8	3	5

Puzzle # 52

7	4	2	3	1	6	9	8	5
6	8	3	5	9	7	2	1	4
5	1	9	8	4	2	7	6	3
4	5	8	6	2	9	3	7	1
9	7	1	4	5	3	8	2	6
3	2	6	7	8	1	5	4	9
8	9	7	1	3	4	6	5	2
1	3	5	2	6	8	4	9	7
2	6	4	9	7	5	1	3	8

Puzzle # 53

5	9	3	1	7	6	8	4	2
2	4	1	5	9	8	3	7	6
6	8	7	3	2	4	1	9	5
8	6	2	7	1	5	4	3	9
1	7	5	4	3	9	6	2	8
9	3	4	6	8	2	7	5	1
7	5	9	8	4	1	2	6	3
4	2	8	9	6	3	5	1	7
3	1	6	2	5	7	9	8	4

Puzzle # 54

1	8	6	3	5	2	4	7	9
9	7	2	8	1	4	3	6	5
4	5	3	6	7	9	8	1	2
8	4	5	9	6	3	1	2	7
6	3	1	7	2	8	5	9	4
2	9	7	1	4	5	6	8	3
5	6	9	4	8	7	2	3	1
7	2	8	5	3	1	9	4	6
3	1	4	2	9	6	7	5	8

Puzzle # 55

2	1	8	5	6	3	9	4	7
4	5	7	9	1	2	8	6	3
9	6	3	4	7	8	2	1	5
3	9	2	1	5	7	6	8	4
8	4	5	3	9	6	1	7	2
1	7	6	8	2	4	3	5	9
6	3	1	2	4	5	7	9	8
5	2	9	7	8	1	4	3	6
7	8	4	6	3	9	5	2	1

Puzzle # 56

7	5	8	9	6	1	2	3	4
6	1	4	2	7	3	8	9	5
3	2	9	8	5	4	1	7	6
1	9	2	7	3	6	4	5	8
4	8	3	5	9	2	7	6	1
5	7	6	4	1	8	9	2	3
8	6	7	3	4	9	5	1	2
2	3	5	1	8	7	6	4	9
9	4	1	6	2	5	3	8	7

Puzzle # 57

5	1	2	3	7	8	4	6	9
8	7	6	9	4	2	1	5	3
3	4	9	6	5	1	8	2	7
7	9	8	2	3	6	5	1	4
2	3	5	4	1	7	9	8	6
1	6	4	8	9	5	3	7	2
9	8	7	5	6	3	2	4	1
6	5	3	1	2	4	7	9	8
4	2	1	7	8	9	6	3	5

Puzzle # 58

6	9	7	2	1	4	8	3	5
5	3	2	6	9	8	7	4	1
4	8	1	3	7	5	2	9	6
2	6	9	7	5	1	3	8	4
1	5	8	9	4	3	6	2	7
7	4	3	8	6	2	5	1	9
9	2	5	4	3	6	1	7	8
8	7	6	1	2	9	4	5	3
3	1	4	5	8	7	9	6	2

Puzzle # 59

1	2	8	4	6	9	5	7	3
4	9	6	5	7	3	8	2	1
7	5	3	8	1	2	9	6	4
2	1	5	3	8	6	4	9	7
8	3	7	9	4	5	2	1	6
9	6	4	7	2	1	3	8	5
5	4	2	1	9	7	6	3	8
6	8	1	2	3	4	7	5	9
3	7	9	6	5	8	1	4	2

Puzzle # 60

3	2	5	8	1	9	4	7	6
8	7	4	6	2	3	5	9	1
1	9	6	5	4	7	2	8	3
5	6	9	7	3	2	8	1	4
7	3	8	1	6	4	9	2	5
4	1	2	9	5	8	3	6	7
9	4	3	2	7	1	6	5	8
6	8	1	4	9	5	7	3	2
2	5	7	3	8	6	1	4	9

Puzzle # 61

1	4	5	8	7	9	6	3	2
7	8	2	6	3	4	1	5	9
9	6	3	2	5	1	4	8	7
6	5	1	9	8	2	3	7	4
3	2	4	5	1	7	8	9	6
8	9	7	4	6	3	5	2	1
5	1	8	7	9	6	2	4	3
2	7	6	3	4	5	9	1	8
4	3	9	1	2	8	7	6	5

Puzzle # 62

7	8	4	1	9	2	6	5	3
5	3	1	4	6	7	9	2	8
2	9	6	5	8	3	1	4	7
4	1	9	6	2	8	3	7	5
8	5	7	9	3	1	2	6	4
3	6	2	7	5	4	8	1	9
9	7	8	2	1	5	4	3	6
1	4	3	8	7	6	5	9	2
6	2	5	3	4	9	7	8	1

Puzzle # 63

9	5	4	8	1	6	2	3	7
2	8	1	7	3	9	5	4	6
3	7	6	5	2	4	9	1	8
8	4	7	9	6	2	3	5	1
6	3	9	4	5	1	7	8	2
5	1	2	3	8	7	4	6	9
7	6	5	1	9	3	8	2	4
1	9	3	2	4	8	6	7	5
4	2	8	6	7	5	1	9	3

Puzzle # 64

8	2	6	4	1	5	3	9	7
3	4	1	9	7	8	6	2	5
7	5	9	2	6	3	8	4	1
2	9	5	6	8	7	4	1	3
6	8	4	3	9	1	5	7	2
1	3	7	5	2	4	9	8	6
5	1	8	7	4	6	2	3	9
9	7	3	8	5	2	1	6	4
4	6	2	1	3	9	7	5	8

Puzzle # 65

3	7	2	6	8	9	1	4	5
1	5	8	4	7	3	2	9	6
6	4	9	5	2	1	8	3	7
2	8	3	1	5	4	6	7	9
7	6	5	9	3	8	4	1	2
4	9	1	2	6	7	5	8	3
5	1	4	3	9	2	7	6	8
9	2	7	8	1	6	3	5	4
8	3	6	7	4	5	9	2	1

Puzzle # 66

9	4	8	1	7	6	5	3	2
1	2	5	9	3	4	8	7	6
6	7	3	5	8	2	4	1	9
2	8	1	3	5	7	9	6	4
4	9	7	6	2	1	3	8	5
3	5	6	4	9	8	7	2	1
7	3	4	2	6	9	1	5	8
5	1	2	8	4	3	6	9	7
8	6	9	7	1	5	2	4	3

Puzzle # 67

2	6	5	9	3	7	4	1	8
3	4	9	8	6	1	5	2	7
1	8	7	4	5	2	9	6	3
9	5	8	3	2	6	7	4	1
7	3	4	1	9	5	2	8	6
6	2	1	7	8	4	3	9	5
4	1	3	2	7	8	6	5	9
8	9	6	5	4	3	1	7	2
5	7	2	6	1	9	8	3	4

Puzzle # 68

3	1	2	7	6	4	5	9	8
6	4	7	5	8	9	3	1	2
5	8	9	1	2	3	6	4	7
9	7	4	2	5	6	1	8	3
2	5	8	9	3	1	7	6	4
1	6	3	4	7	8	2	5	9
8	9	5	3	1	7	4	2	6
4	3	1	6	9	2	8	7	5
7	2	6	8	4	5	9	3	1

Puzzle # 69

1	4	9	5	6	3	8	7	2
7	5	8	2	1	4	3	6	9
6	2	3	7	8	9	4	5	1
9	8	6	1	2	7	5	3	4
4	1	2	8	3	5	6	9	7
5	3	7	9	4	6	2	1	8
8	6	5	4	9	1	7	2	3
2	7	1	3	5	8	9	4	6
3	9	4	6	7	2	1	8	5

Puzzle # 70

8	9	3	1	6	7	5	4	2
1	7	5	3	2	4	8	9	6
6	4	2	9	5	8	3	7	1
2	5	4	8	7	1	6	3	9
9	3	8	2	4	6	7	1	5
7	6	1	5	9	3	2	8	4
5	8	9	7	1	2	4	6	3
4	1	7	6	3	5	9	2	8
3	2	6	4	8	9	1	5	7

Puzzle # 71

8	9	3	5	1	7	6	4	2
4	2	6	3	9	8	7	5	1
1	5	7	6	4	2	3	9	8
3	6	2	7	8	4	9	1	5
5	1	4	2	3	9	8	6	7
9	7	8	1	5	6	4	2	3
7	3	1	9	6	5	2	8	4
2	8	9	4	7	1	5	3	6
6	4	5	8	2	3	1	7	9

Puzzle # 72

8	6	5	9	4	1	2	7	3
2	7	9	6	5	3	1	8	4
1	4	3	7	2	8	9	6	5
4	3	1	5	8	2	7	9	6
5	8	6	1	7	9	3	4	2
7	9	2	3	6	4	8	5	1
3	5	4	8	1	7	6	2	9
9	2	8	4	3	6	5	1	7
6	1	7	2	9	5	4	3	8

Puzzle # 73

2	5	6	8	3	1	9	7	4
1	3	9	4	6	7	5	8	2
8	7	4	5	9	2	3	1	6
4	6	1	3	2	8	7	5	9
5	8	3	9	7	6	4	2	1
9	2	7	1	4	5	8	6	3
3	1	8	6	5	4	2	9	7
7	9	5	2	1	3	6	4	8
6	4	2	7	8	9	1	3	5

Puzzle # 74

6	3	4	8	9	2	7	5	1
8	1	7	4	5	6	9	3	2
2	5	9	1	3	7	6	4	8
5	2	1	7	6	3	8	9	4
9	4	8	2	1	5	3	7	6
7	6	3	9	4	8	1	2	5
1	8	5	3	7	4	2	6	9
4	7	2	6	8	9	5	1	3
3	9	6	5	2	1	4	8	7

Puzzle # 75

8	4	9	1	2	6	3	7	5
1	7	2	8	3	5	9	4	6
3	6	5	4	9	7	1	2	8
6	5	7	3	8	2	4	9	1
9	3	8	7	4	1	6	5	2
4	2	1	6	5	9	7	8	3
7	9	3	5	6	8	2	1	4
5	1	4	2	7	3	8	6	9
2	8	6	9	1	4	5	3	7

Puzzle # 76

6	2	4	9	5	3	1	8	7
5	1	3	7	4	8	2	9	6
8	9	7	2	6	1	4	5	3
2	5	6	4	8	9	7	3	1
4	7	8	1	3	5	6	2	9
1	3	9	6	2	7	5	4	8
3	8	1	5	7	2	9	6	4
9	4	5	8	1	6	3	7	2
7	6	2	3	9	4	8	1	5

Puzzle # 77

9	8	6	4	7	1	3	2	5
3	4	7	5	8	2	9	6	1
5	2	1	3	9	6	8	7	4
1	3	8	6	2	7	5	4	9
4	7	2	9	5	8	6	1	3
6	9	5	1	3	4	2	8	7
7	6	9	2	4	3	1	5	8
2	5	4	8	1	9	7	3	6
8	1	3	7	6	5	4	9	2

Puzzle # 78

2	4	3	6	9	5	8	1	7
5	9	1	7	3	8	2	6	4
7	8	6	1	2	4	9	3	5
6	1	9	5	4	3	7	2	8
3	2	5	9	8	7	1	4	6
4	7	8	2	6	1	3	5	9
1	3	4	8	5	9	6	7	2
9	6	7	4	1	2	5	8	3
8	5	2	3	7	6	4	9	1

Puzzle # 79

2	8	6	3	1	4	5	7	9
4	7	5	8	9	2	6	1	3
1	9	3	5	7	6	2	4	8
8	6	2	9	4	5	1	3	7
3	4	1	7	6	8	9	5	2
7	5	9	1	2	3	8	6	4
5	2	8	6	3	7	4	9	1
9	3	4	2	5	1	7	8	6
6	1	7	4	8	9	3	2	5

Puzzle # 80

8	1	2	5	3	9	7	4	6
9	7	6	1	2	4	3	5	8
5	3	4	7	6	8	2	9	1
1	4	5	3	8	7	9	6	2
7	2	3	6	9	5	1	8	4
6	8	9	2	4	1	5	3	7
3	6	1	4	5	2	8	7	9
2	5	8	9	7	6	4	1	3
4	9	7	8	1	3	6	2	5

Puzzle # 81

7	6	1	2	9	5	3	8	4
5	3	4	1	8	7	9	2	6
2	9	8	4	3	6	1	5	7
8	4	2	5	1	3	7	6	9
6	1	5	7	2	9	4	3	8
9	7	3	8	6	4	2	1	5
4	5	6	3	7	1	8	9	2
3	8	9	6	4	2	5	7	1
1	2	7	9	5	8	6	4	3

Puzzle # 82

3	9	7	5	2	8	6	4	1
8	2	1	7	4	6	3	9	5
6	5	4	1	3	9	7	2	8
2	1	6	3	5	4	9	8	7
9	3	5	8	7	1	4	6	2
4	7	8	6	9	2	1	5	3
1	4	2	9	8	3	5	7	6
7	8	3	4	6	5	2	1	9
5	6	9	2	1	7	8	3	4

Puzzle # 83

6	3	8	9	5	7	2	4	1
4	7	9	2	1	3	8	5	6
2	1	5	8	4	6	3	9	7
1	9	4	7	2	5	6	3	8
8	5	7	6	3	1	4	2	9
3	2	6	4	9	8	7	1	5
7	4	1	5	8	2	9	6	3
5	6	2	3	7	9	1	8	4
9	8	3	1	6	4	5	7	2

Puzzle # 84

5	2	8	9	7	1	3	6	4
4	6	7	5	2	3	1	9	8
3	9	1	4	8	6	5	7	2
8	3	4	2	9	5	6	1	7
2	5	9	6	1	7	4	8	3
7	1	6	8	3	4	2	5	9
1	7	5	3	4	9	8	2	6
6	8	3	7	5	2	9	4	1
9	4	2	1	6	8	7	3	5

Puzzle # 85

3	5	1	4	7	8	2	9	6
9	2	7	5	1	6	3	8	4
8	4	6	9	2	3	1	7	5
7	8	9	6	5	1	4	3	2
6	3	4	2	8	9	7	5	1
2	1	5	3	4	7	8	6	9
5	7	8	1	6	2	9	4	3
4	9	2	8	3	5	6	1	7
1	6	3	7	9	4	5	2	8

Puzzle # 86

2	4	7	8	9	3	5	1	6
6	5	1	7	2	4	3	8	9
9	8	3	1	6	5	7	2	4
5	9	8	2	3	1	4	6	7
1	2	4	5	7	6	9	3	8
7	3	6	9	4	8	2	5	1
3	7	9	6	8	2	1	4	5
4	6	5	3	1	7	8	9	2
8	1	2	4	5	9	6	7	3

Puzzle # 87

6	1	9	5	8	4	2	7	3
8	4	3	6	7	2	1	5	9
2	5	7	1	9	3	8	4	6
4	3	1	8	2	9	5	6	7
9	6	5	4	1	7	3	2	8
7	8	2	3	5	6	4	9	1
3	2	8	7	6	5	9	1	4
1	9	6	2	4	8	7	3	5
5	7	4	9	3	1	6	8	2

Puzzle # 88

5	4	3	8	9	1	2	6	7
8	6	9	2	7	3	4	5	1
7	2	1	4	6	5	9	8	3
1	9	6	7	3	8	5	2	4
4	5	7	1	2	6	8	3	9
3	8	2	9	5	4	1	7	6
2	7	5	6	4	9	3	1	8
6	1	4	3	8	2	7	9	5
9	3	8	5	1	7	6	4	2

Puzzle # 89

9	1	7	8	2	5	3	4	6
3	4	8	7	9	6	2	5	1
2	6	5	4	3	1	8	9	7
5	2	4	1	8	3	6	7	9
6	3	9	2	5	7	1	8	4
7	8	1	9	6	4	5	3	2
1	5	6	3	4	9	7	2	8
8	9	3	6	7	2	4	1	5
4	7	2	5	1	8	9	6	3

Puzzle # 90

4	5	8	6	3	1	2	7	9
3	6	1	7	9	2	5	4	8
2	7	9	8	5	4	3	1	6
9	4	6	1	2	5	7	8	3
5	3	7	4	8	6	1	9	2
1	8	2	9	7	3	6	5	4
7	2	3	5	4	9	8	6	1
8	1	4	3	6	7	9	2	5
6	9	5	2	1	8	4	3	7

Puzzle # 91

3	8	6	5	1	7	9	4	2
4	5	2	3	8	9	7	1	6
9	7	1	2	4	6	3	8	5
5	3	8	9	2	1	6	7	4
1	9	4	7	6	5	2	3	8
6	2	7	4	3	8	1	5	9
8	6	5	1	9	3	4	2	7
7	4	3	6	5	2	8	9	1
2	1	9	8	7	4	5	6	3

Puzzle # 92

6	8	9	4	3	2	7	5	1
5	1	4	8	9	7	6	2	3
2	7	3	1	6	5	9	4	8
8	6	5	2	4	1	3	9	7
4	9	2	3	7	8	1	6	5
7	3	1	9	5	6	2	8	4
3	2	7	5	8	9	4	1	6
1	5	6	7	2	4	8	3	9
9	4	8	6	1	3	5	7	2

Puzzle # 93

2	7	3	6	9	1	4	8	5
9	4	1	5	2	8	3	6	7
8	5	6	4	3	7	9	1	2
7	9	8	1	4	6	2	5	3
6	2	4	8	5	3	1	7	9
3	1	5	9	7	2	6	4	8
1	6	7	3	8	9	5	2	4
5	8	9	2	1	4	7	3	6
4	3	2	7	6	5	8	9	1

Puzzle # 94

8	3	1	5	2	4	9	6	7
5	7	2	3	9	6	8	1	4
9	4	6	7	1	8	2	3	5
1	5	7	8	3	2	6	4	9
4	2	8	1	6	9	7	5	3
6	9	3	4	7	5	1	2	8
2	1	4	9	5	7	3	8	6
7	6	5	2	8	3	4	9	1
3	8	9	6	4	1	5	7	2

Puzzle # 95

2	7	1	4	9	3	6	8	5
4	6	8	2	7	5	1	9	3
3	9	5	6	8	1	2	7	4
6	5	9	1	3	7	4	2	8
8	4	7	5	6	2	3	1	9
1	3	2	9	4	8	5	6	7
9	2	6	7	5	4	8	3	1
5	1	3	8	2	9	7	4	6
7	8	4	3	1	6	9	5	2

Puzzle # 96

3	1	5	4	2	8	7	6	9
7	8	2	6	5	9	1	3	4
6	9	4	7	1	3	5	2	8
2	4	1	8	3	7	9	5	6
8	3	7	9	6	5	2	4	1
5	6	9	2	4	1	3	8	7
1	2	8	3	7	4	6	9	5
4	7	6	5	9	2	8	1	3
9	5	3	1	8	6	4	7	2

Puzzle # 97

5	3	2	8	7	4	1	9	6
9	6	1	2	5	3	7	8	4
7	4	8	6	9	1	3	2	5
3	9	4	1	6	2	8	5	7
1	8	7	3	4	5	9	6	2
6	2	5	7	8	9	4	1	3
2	7	3	5	1	8	6	4	9
4	1	6	9	2	7	5	3	8
8	5	9	4	3	6	2	7	1

Puzzle # 98

8	1	3	6	5	2	4	7	9
4	5	2	3	7	9	1	8	6
9	7	6	1	8	4	2	5	3
3	4	9	5	6	7	8	1	2
5	6	7	8	2	1	3	9	4
1	2	8	4	9	3	5	6	7
7	8	4	9	3	5	6	2	1
6	9	1	2	4	8	7	3	5
2	3	5	7	1	6	9	4	8

Puzzle # 99

1	9	6	3	4	5	2	8	7
2	8	5	9	6	7	3	4	1
3	4	7	8	2	1	9	5	6
7	3	4	6	1	8	5	2	9
9	1	8	2	5	4	7	6	3
6	5	2	7	9	3	8	1	4
8	2	3	4	7	6	1	9	5
5	6	9	1	3	2	4	7	8
4	7	1	5	8	9	6	3	2

Puzzle # 100

6	1	7	3	5	2	4	9	8
4	3	9	8	7	6	1	2	5
8	2	5	4	1	9	6	7	3
7	4	3	9	6	5	8	1	2
9	6	2	1	3	8	7	5	4
1	5	8	7	2	4	3	6	9
2	7	6	5	8	3	9	4	1
3	9	1	2	4	7	5	8	6
5	8	4	6	9	1	2	3	7

www.ingramcontent.com/pod-product-compliance
Lightning Source LLC
Chambersburg PA
CBHW080922170526
45158CB00008B/2197